DU

# DRAINAGE

## DANS LA HAUTE-VIENNE

## PAR M. ALLUAUD AINÉ

Membre du Conseil Général d'Agriculture et Président de la Commission
départementale d'Agriculture de la Haute-Vienne

LIMOGES

IMPRIMERIE DE CHAPOULAUD FRÈRES

1851

# DU DRAINAGE DANS LA HAUTE-VIENNE.

## RÉPONSES

Aux questions adressées par M. le ministre de l'agriculture et du commerce aux commissions départementales d'agriculture.

Les Anglais ont donné le nom de drainage à l'art d'assainir les sols humides au moyen de rigoles souterraines pratiquées avec des tuyaux en terre cuite.

Ces améliorations foncières ont fait faire de si grands progrès à l'agriculture de l'Angleterre, elles ont eu une si heureuse influence sur la salubrité publique que le parlement, après une enquête sérieuse, a voulu les encourager par des avances de fonds aux propriétaires.

Un premier acte, du 28 août 1846, a autorisé les lords de la trésorerie à leur délivrer des bons de l'échiquier jusqu'à concurrence de la somme de 75 millions de francs.

Un second acte, du 4 mai 1849, y ajoute un supplément de crédit de 7,500,000 fr., spécialement applicable à l'Irlande.

Un troisième acte enfin, du 18 mars 1850, autorise une nouvelle avance de 87 millions.

Le maximum des prêts au même propriétaire est fixé à 5,000 livres sterling, ou 100,000 fr.; et, comme chaque avance est faite sous la condition qu'elle ne dépassera pas les deux tiers du montant de la somme dépensée, il en résulte que les travaux de drainage déjà exécutés ne s'élèvent pas à moins de 254,250,000 francs.

Cet exemple ne pouvait pas être perdu pour la France, car elle aussi possède d'immenses terrains où l'agriculture ne sera prospère que lorsque le sol aura été assaini, et mis dans de meilleures conditions de culture.

Dans la pensée de propager ces améliorations, et de réunir les documents dont il a besoin pour motiver les crédits qu'il

se propose de demander à l'Assemblée nationale, M. le ministre
de l'agriculture et du commerce a soumis à l'examen des
commissions départementales d'agriculture une série de questions dont la solution intéresse particulièrement le département de la Haute-Vienne.

M. le ministre demande :

« Quelle est, dans le département, d'après les études locales
déjà faites, l'importance en surface et en valeur des terrains
qu'il serait utile d'assainir par l'établissement de rigoles d'é-
coulement, d'empierrements souterrains ou de tuyaux à
drainer ? »

M. le ministre fait observer « qu'il s'agit, relativement à
l'étendue des terrains, d'évaluations approximatives, et que,
à l'égard des avantages que l'agriculture pourra retirer des
améliorations projetées, il désire connaître seulement celles
dont l'effet se présente comme prochain et sérieux. La question
posée n'a trait d'ailleurs qu'aux études déjà accomplies
dans la localité, et dont le résultat peut être donné immédia-
tement.

» La commission doit indiquer en outre :

» Les travaux extraordinaires qui devraient être exécutés
pour assainir ou irriguer les terrains ;

» Les sommes qui seraient approximativement nécessaires
pour réaliser chacune de ces améliorations.

» En ce qui concerne l'exécution des travaux, la commission
aurait à indiquer dans quelle proportion le concours de l'Etat
serait nécessaire, et de quelle importance serait la part
mise à la charge du département, des communes et des
particuliers intéressés.

» La commission aurait enfin à apprécier en combien
d'années les travaux dont il s'agit pourraient être exécutés,
ainsi que le chiffre des avantages que réaliseraient ces améliorations foncières. »

Telles sont les questions auxquelles la commission départementale est invitée à répondre.

En l'absence de documents officiels susceptibles de les
éclaircir, j'en ai fait l'objet d'une étude particulière dont j'ai

l'honneur de soumettre les résultats à votre examen. En vous
communiquant ce travail, je vous prie de ne pas perdre de
vue qu'il s'agit d'évaluations approximatives, de calculs qui,
quoique hypothétiques, doivent cependant être justifiés par
une appréciation exacte des faits que chacun de nous a eu
l'occasion de constater.

Pour déterminer l'étendue des terrains qu'il serait utile
d'assainir, et pour faire connaître les avantages que ces améliorations procureront à l'agriculture de ce département, il
est nécessaire de porter tout d'abord notre attention sur la
constitution géologique de ces terrains, sur leur disposition
orographique et sur le régime des eaux dont ils sont arrosés.

Presque tous les terrains de cristallisation, granite,
gneiss, diorites, porphyres, pegmatites, etc., constituent
la plus grande partie ou plus des neuf dixièmes du sol de la
Haute-Vienne. — De distance en distance, apparaissent des
lambeaux de terrains tertiaires, dont les couches horizontales
recouvrent les terrains anciens en stratification discordante.
Ces couches se composent, en les pénétrant du haut en bas,
de graviers quartzeux, de sables siliceux souvent mélangés
d'argile ocreuse, puis d'un mince dépôt de limonite reposant
sur l'argile plastique qui se trouve superposée aux couches
relevées des roches anciennes ou à d'autres couches de sable
plus profondes.

Avant l'époque du dernier soulèvement qui a émergé ces
dépôts, l'apparition successive des roches plutoniques en avait
relevé et disloqué les strates. Ces dislocations et le retrait
que ces roches ont éprouvé pendant leur refroidissement y
ont causé des gerçures et des fentes nombreuses dans lesquelles
les eaux pluviales trouvent des réservoirs naturels d'où sortent les sources qui jaillissent, de loin en loin, à la surface
du sol.

Ces soulèvements successifs, joints à l'action des courants
diluviens dont ils ont été suivis, ont dessiné le relief des
terrains. Ici il ne présente pas de larges et profondes vallées
séparées par de hautes et longues chaînes de montagnes : il se
présente sous la forme de collines arrondies, à pentes douces,

*et sur les flancs desquelles se montrent çà et là quelques rares* escarpements de rochers. Ces collines, par le rapprochement de leur base, forment des gorges étroites et sinueuses, au fond de chacune desquelles est un ruisseau dont les sources environnantes et les eaux pluviales venant des terrains supérieurs sont tributaires.

Les nombreuses ondulations de ces terrains présentent des altitudes qui, à partir de l'horizon où la terre cesse d'être cultivée, varient entre 488 mètres et 140 mètres au-dessus du niveau de la mer. La première de ces cotes est prise à Chanteloûbe, et la deuxième, à l'entrée de la Vienne, dans le département de la Charente. Les plateaux de granite à gros grains dominent toutes les autres formations. Leur base est à une élévation moyenne de 350 mètres, et leurs sommets culminants atteignent celle de 975 mètres au Puy-de-Vieux, près Grandmont, et 950 mètres au mont Jargean. — Les autres terrains s'abaissent de la base des plateaux granitiques jusqu'au fond des vallons. L'élévation moyenne de ces terrains est d'environ 300 mètres, et la vallée de la Vienne, qui les traverse tous, présente, d'Eymoutiers à St-Junien, une pente de 216 mètres.

Si, malgré les nombreux accidents de ces terrains, on n'y trouve pas de véritables lacs naturels, leur disposition a permis d'y établir des étangs au moyen de digues en pierre qui barrent les gorges les plus étroites. Ces étangs, au nombre de 556, ont une superficie de 1,072 hectares.

L'eau pluviale qui tombe annuellement dans le département a été évaluée à 0ᵐ,675. Comme sa superficie est de 554,266 hectares, ou 55,422,660,000 mètres carrés, l'eau pluviale qu'elle reçoit chaque année forme une masse de 3,744,295,500 mètres cubes d'eau, quantité bien suffisante pour entretenir, avec un excès d'humidité dans le sol et dans l'atmosphère, les sources et les nombreux cours d'eau qui rafraîchissent nos vallons. Les rivières principales où ils affluent sont tributaires de la Dordogne par l'Ille, et de la Loire par la Gartempe et la Vienne. Ces deux derniers bassins occupent, à un vingtième près, toute l'étendue du département. La superficie de ces

cours d'eau réunie à celle des étangs est , d'après le cadastre,
de 4,550 hectares. C'est assurément un beau et vaste réser-
voir, où des études sérieuses d'irrigation trouveraient d'immenses ressources si les gorges innombrables qui sillonnent
ces contrées permettaient de les utiliser avec moins de dépenses et de difficultés.

Les considérations qui précèdent suffiraient pour qu'on pût
se rendre compte du régime des sources et des eaux pluviales dans la Haute-Vienne. Mais, comme il s'agit d'en
apprécier les effets sur l'agriculture, nous sommes obligé
d'indiquer sommairement la nature des terres végétales et la
distribution des principales cultures que la disposition orographique du sol a fait adopter.

Aux modifications près que les travaux de l'agriculture lui
ont fait éprouver, la terre végétale est composée généralement
des détritus ou débris des roches sous-jacentes mélangés d'une
proportion variable d'argile qui provient de la décomposition
kaolinique des silicates, et de la dispersion des argiles tertiaires
par les courants diluviens. C'est ainsi que, au fond des vallons, une couche de glaise de 20 à 50 centimètres d'épaisseur
se trouve interposée entre la terre végétale et les alluvions qui
recouvrent le terrain primitif.

La nature des terres végétales est aussi variée que le sont les
principes constituants des roches d'où elles tirent leur origine.
Comme ces silicates ont les mêmes propriétés hydrauliques,
nous nous bornerons, pour l'intelligence de la question qui nous
occupe, à diviser les terres en trois classes. Dans la première
nous comprendrons les terres silicéo-argilifères, graveleuses,
sableuses ou sablonneuses, ne contenant qu'une faible proportion d'argile, étant facilement perméables à l'eau, et retenant
difficilement l'humus soluble en raison de leur propriété fil-
trante. Ces qualités de terre conviennent particulièrement à
la culture du seigle, du sarrasin et des plantes tuberculeuses.
— Dans la deuxième classe nous comprenons les terres argilo-
siliceuses dans lesquelles l'argile et la silice sont unies dans la
meilleure proportion. Ces terres ont plus de ténacité, sont peu
perméables, moins brûlantes, et retiennent mieux l'humus

que celles de la première classe. On y cultive les récoltes les plus productives : le froment, le maïs, les plantes textiles et oléagineuses, les légumineuses et les prairies artificielles. — La troisième classe comprend les terres essentiellement argileuses imperméables, n'admettant la culture des céréales qu'après avoir été écobuées, et ne donnant, après deux ou trois récoltes, que des pâtures de médiocre qualité.

L'épaisseur de la terre végétale est très-inégale. Dans les parties d'un même champ, elle a parfois moins d'un décimètre, et, dans d'autres, elle en a plus de quatre. Cette inégalité a plusieurs causes : le sous-sol, ondulé par les anciens soulèvements, présente de fréquentes dépressions que la terre végétale a comblées, et des saillies de rochers qui tantôt affleurent la surface du sol arable, et tantôt s'élèvent au-dessus. Ces quartiers de roches massives déparent surtout les prés et les champs des régions essentiellement granitiques. — Dans beaucoup de localités les eaux pluviales ont dénudé la sommité des collines, et entraîné la terre qui les recouvrait sur les coteaux et au fond des vallons. — Il n'y a pas jusqu'au travail séculaire de la charrue qui, par suite de la même direction donnée aux sillons, n'ait accumulé une grande épaisseur de terre à la limite inférieure de chaque champ.

Les différentes natures de terre végétale, les inégalités de sa profondeur, l'exposition des coteaux vers tous les points de l'horizon, ont fait introduire une grande variété de cultures dans la Haute-Vienne. Le fait le plus remarquable, quoique fort simple en lui-même, est la position que les accidents de terrain ont fait donner tout naturellement aux principales cultures. Les terres labourables occupent généralement les plateaux et les pentes des collines jusqu'à mi-côte. Les pâturages et les prairies placés au-dessous occupent les côtés et le fond des vallons. Dans cette position ils profitent, par l'irrigation, des eaux chargées d'humus qui s'écoulent des terrains supérieurs.

Maintenant que nous avons décrit, dans leur ensemble, les faits relatifs à la géographie physique de la Haute-Vienne, à la nature de ses terres végétales et aux cultures diverses dont

elles sont l'objet, nous allons étudier le régime des eaux
superficielles et des eaux souterraines dont la pluie alimente
les réservoirs. Ces études hydrographiques nous fourniront
d'utiles enseignements sur l'art d'assainir le sol et d'en améliorer les cultures.

Les roches cristallines se trouvent sous deux états différents
dans le sein de la terre. Les unes, qui n'ont éprouvé aucune
altération, conservent toute leur force de cohésion, et sont à
peu près imperméables ; les autres, par suite de la désagré-
gation de leurs principes, sont incohérentes, perméables ou
absorbantes à divers degrés ; les granites, les porphyres, les
gneiss, que nous considérons comme imperméables, ne le
sont pourtant pas d'une manière absolue : ils contiennent
une certaine quantité d'eau hygrométrique ou d'humidité de
carrière, qui s'élève à environ 2 p. $^{\circ}/_{\circ}$ de leur poids. Les
mêmes roches, quand elles sont désagrégées, en renferment
depuis 5 jusqu'à 10 p. $^{\circ}/_{\circ}$. Quelque faibles que paraissent ces
quantités, on conçoit combien doit être considérable celle que
peut absorber et contenir un terrain de 554,000 hectares
dont les ondulations de la superficie présentent entre elles une
différence de niveau de plus de 200 mètres.

Les plus grandes sécheresses n'atteignent l'humidité du
sous-sol qu'à peu de profondeur. Au-dessous de quelques
mètres, l'attraction capillaire retient la plus grande partie de
l'eau dont les roches sont pénétrées ; quand la pluie cesse de
les humecter, les sources s'affaiblissent et se tarissent d'étage
en étage, de telle sorte que les sources des coteaux sont taries
lorsque celles des bas-fonds commencent à diminuer.

Les grandes sécheresses sont fort rares dans la Haute-
Vienne. « Le Limousin, dit un vieux proverbe, ne périra
jamais par sécheresse. »

C'est en effet de l'excès d'humidité, de la grande abondance
des pluies que viennent les difficultés contre lesquelles le
cultivateur est obligé de lutter sans cesse. Quand la pluie est
intermittente, quand elle ne tombe pas trop abondamment,
« l'eau, comme l'a dit Buffon, descend, par son propre poids,
depuis la surface jusqu'à de grandes profondeurs ; elle

pénètre par des conduits naturels, ou par de petites routes qu'elle s'est ouvertes elle-même; elle suit les racines des arbres, les fentes des rochers, les interstices des terres, et se divise et s'étend de tous côtés en une infinité de petits rameaux et de filets, toujours en descendant, jusqu'à ce qu'elle trouve une issue, après avoir rencontré la glaise ou un autre terrrain solide sur lequel elle s'est rassemblée ».

Dans ces conditions, la pluie ne cause aucun dégât à la surface du sol. Mais, durant les orages, alors qu'elle tombe par averses souvent répétées, l'eau que le sous-sol ne peut absorber forme des torrents qui dénudent les rochers, ravinent les coteaux, et ensablent les vallons, où les eaux affluent en si grande abondance que bientôt les rivières débordent, et ravagent les terrains qu'elles inondent en renversant les arbres, les haies et tout ce qui fait obstacle à leur libre cours.

Que si, par des fossés, par des aquéducs, par de nombreuses rigoles souterraines, on maîtrise les cours d'eau en les divisant, alors que ces travaux ne préviendraient pas tous les désastres des inondations, ils auraient l'avantage d'en atténuer les effets, et de les rendre moins dommageables.

Les pertes que ce fléau cause à l'agriculture ne sont pas les plus considérables. Chose singulière ! les pluies fines, les pluies ordinaires, celles enfin qui semblent les plus propices, en raison de leur généralité et de leur durée trop prolongée, lui en font éprouver de plus graves.

Sans insister sur l'inconvénient des semences tardives causées par les pluies d'automne et par l'affaiblissement des récoltes qui en résulte, les cultivateurs du Limousin savent à quels périls les pluies chaudes des mois d'octobre et de novembre exposent les semences des céréales. Lorsque, à cette époque, un excès d'humidité se joint à la douceur de la température, ce concours de circonstances favorise l'éclosion de myriades de petits limaçons, qui dévorent les semences à mesure qu'elles sortent de terre, et qui les détruiraient entièrement si une gelée hâtive, en les faisant périr, ne venait arrêter le cours de leurs dévastations.

Quand, après ces sortes de pertes, la saison n'est pas trop avancée, les cultivateurs, pour les réparer et profiter des engrais qu'ils ont versés dans leurs terres, s'empressent de les ensemencer une deuxième fois. Mais, quand un excès d'humidité, aux approches de l'hiver, arrête la croissance du germe des céréales et en cause la mort, ce désastre se manifeste trop tard pour qu'il puisse être réparé.

Des effets analogues se produisent encore dans des circonstances indépendantes de la surabondance des pluies. Nous avons indiqué, d'après Buffon, comment l'eau est entraînée, par son propre poids, dans le sein de la terre, jusqu'à ce qu'elle trouve une issue d'où elle jaillit sous la forme de source ou de fontaine. Parfois il arrive aussi, d'après les lois de l'équilibre, que l'eau, descendue à de grandes profondeurs, remonte et s'élève par d'autres canaux souterrains jusqu'au niveau du point où elle s'était infiltrée dans la terre. De là l'origine des sources ascendantes, faciles à reconnaître par la constance de leur température, plus chaude en hiver et plus fraîche en été que celle des sources superficielles, qui participe toujours de la température de l'atmosphère. Quand les sources de cette espèce sont abondantes, elles sont recueillies avec soin et employées à l'irrigation des prés, dont elles doublent la fertilité. Mais, lorsqu'elles s'élèvent en filets capillaires qui n'ont pas assez de force pour traverser la terre végétale, l'eau l'inonde, s'y corrompt en y séjournant, et donne naissance à ces petits marais que les colons désignent sous le nom de *mouillères,* et qu'on rencontre çà et là dans la plupart des champs du Limousin.

Ces *mouillères,* qu'il serait facile de dessécher, restent sans culture. Les limites en sont assez bien circonscrites, dans les années ordinaires, pour qu'on ait intérêt à cultiver les terres qui les entourent. Mais, pour peu que l'année soit pluvieuse, le marais sort de ses limites naturelles, s'étend, et le cultivateur perd le fruit de ses labours, de ses engrais et de ses semences.

Il est une autre espèce de phénomène qui se manifeste particulièrement, en hiver, dans les terres sableuses et légères.

Lorsque, après de longues pluies, la terre, avant d'être desséchée, est surprise par de fortes gelées, l'eau qu'elle contient forme, en se congélant, de véritables stalactites ascendantes composées de filets d'eau glacée, parallèles entre eux, et s'élevant perpendiculairement au-dessus du sol. Ces filets sont d'autant plus longs et plus nombreux que la gelée a été plus forte. Ils soulèvent la terre superficielle de 8 à 10 centimètres, déracinent, arrachent et mettent à nu les pieds des céréales que les alternations du gel et du dégel ne tardent pas à faire mourir. Ce phénomène, malheureusement très-fréquent en Limousin, est une des causes principales de la faiblesse des récoltes de seigle. Quand il se manifeste, les paysans disent en patois : « *Lo terro o chandella* », parce que la terre a été soulevée par des espèces de chandelles de glace. Feu M. Desmaret en a décrit les effets dans les mémoires de l'Académie des sciences.

L'excès d'humidité des terres n'est pas moins préjudiciable aux récoltes pendant les plus belles saisons de l'année que pendant l'hiver : il favorise la formation des brouillards, qui font couler la fleur des céréales et des fruits, et qui, presque toujours, précèdent ou accompagnent l'apparition de la rouille sur la paille des blés.

Remarquons enfin que les terres essentiellement humides, dont les cultivateurs ont très-bien caractérisé les propriétés en les appelant des champs-froids, ne produisent jamais que des récoltes médiocres : au lieu de réchauffer ces sortes de terres, le soleil les refroidit d'autant plus qu'il est plus ardent. Cet effet, qui semble paradoxal, s'explique aisément : à mesure que le soleil dessèche la surface de la terre, l'attraction capillaire y élève de nouvelles couches humides, qui, en s'évaporant à leur tour, enlèvent à la terre une partie de son calorique. C'est ainsi que, pour avoir de l'eau fraîche, il suffit de l'exposer au soleil dans ces vases de terre poreuse que les Espagnols appellent des *alkarasas*.

Pour remédier aux inconvénients qui résultent de l'humidité des terres, les cultivateurs ont adopté l'usage de les labourer en sillons à quatre raies. Au moyen de cette méthode de culture, l'eau des pluies s'égoutte au fond des rigoles qui séparent les billons, et les semences sont en partie sous-traites aux influences funestes de l'humidité, des gelées et de la chaleur que nous venons de décrire. Ce système a lui-même un grand inconvénient : il enlève aux récoltes un quart de la surface du terrain..... La largeur du billon est ordinairement d'un mètre ; celle des rigoles de séparation n'a pas moins de 33 centimètres ; et, comme ces rigoles sont improductives, il en résulte que le cultivateur qui a labouré, fumé et ense-mencé un hectare de terre ne récolte en réalité que 75 ares.

Lorsque les terres du Limousin auront été assainies par des rigoles souterraines d'écoulement, lorsque les récoltes auront été soustraites aux pertes que l'humidité du sol et les gelées lui font éprouver, l'usage défectueux des billons à quatre raies sera abandonné, et celui des cultures en larges planches s'introduira avec d'autant plus de succès qu'il est plus productif, qu'il se prête mieux à la rotation des bons assolements, et qu'il fera rentrer les cultivateurs dans la jouissance du terrain que les billons à quatre raies leur font perdre aujourd'hui.

Les sources sont naturellement plus abondantes aux pieds des coteaux et dans les vallons que sur les collines. Celles qui jaillissent à la surface font, par une irrigation intelligente, la richesse des prairies qu'elles arrosent, de même que, par la raison contraire, les eaux qui croupissent dans les terrains tourbeux sont aussi préjudiciables à la production des four-rages qu'à la salubrité publique.

Le sous-sol des prés et des pâturages, nous l'avons dit, se compose généralement d'alluvion, d'argile et de terre végétale. Dans ces conditions, on conçoit que les sources jaillissantes qui sont arrêtées par la couche de glaise, ou qui, après l'avoir traversée, sont trop faibles pour s'élever au-dessus de la terre végétale, donnent naissance aux terrains tourbeux, aux marais qui envahissent les prés de distance en distance. Leurs eaux croupissantes deviennent acides, rouilleuses, et se chargent de principes délétères qui résultent de la décom-position des plantes et des insectes. En cet état, si les pluies sont abondantes, l'accroissement des sources fait sortir des marais l'eau qu'il a corrompue. Celle-ci s'épanche sur les terrains inférieurs ; elle y transporte les semences des plantes aquatiques, elle en infecte les meilleurs gazons, et les fourrages qu'ils produisent sont aussi peu nourrissants que nuisibles à la santé des animaux.

Survient-il une sécheresse, des accidents plus graves ne tardent pas à se manifester : l'eau des marais s'évapore, et porte dans l'atmosphère les gaz insalubres qu'elle tenait en solution. La pureté de l'air est altérée. Les fièvres intermittentes et parfois pernicieuses se déclarent parmi les populations des campagnes. Elles atteignent indistinctement les individus, quels quels que soient leur âge et leur sexe. Sous leur influence prolongée, la croissance des enfants est retardée, les forces de la jeunesse sont arrêtées dans leur développement, et des symptômes de vieillesse apparaissent sur le front des adultes. Ces maladies enfin épuisent les ressources des cultivateurs, et privent l'agriculture d'une partie des forces nécessaires à ses travaux.

Tels sont, dans leur ensemble, les effets funestes que l'excès d'humidité du sol et du climat de la Haute-Vienne a sur l'agriculture et sur la santé publique. Aussi a-t-on reconnu, depuis un temps immémorial, combien il était utile d'assainir les terrains par des aquéducs et des rigoles souterraines d'écoulement. Nulle part on n'a mieux compris l'importance de ce genre d'amélioration ; nulle part on ne l'a appliquée avec plus de succès ; et, si elle ne l'a pas été d'une manière plus générale, s'il reste tant à faire encore, cela tient à plusieurs causes qu'il est essentiel de faire connaître :

Et d'abord au morcellement de la propriété, et à la législation qui règle les servitudes qui dérivent de la situation des lieux.

Cela tient ensuite à l'immense étendue des terres qu'il est nécessaire d'assainir, et à la dépense considérable que les travaux de dessèchement exigent.

Cela tient enfin à la modicité des ressources des propriétaires, et au système d'exploitation des domaines par des colons partiaires.

Arrêtons-nous un instant sur chacune de ces difficultés.

Le morcellement de la propriété, dans une foule de cas, est un obstacle insurmontable à l'assainissement du sol. Pour qu'un propriétaire puisse assainir ses champs, il faut qu'il possède aussi les terrains inférieurs sur lesquels les eaux des rigoles de dessèchement doivent s'écouler. S'il ne la possède pas, l'article 640 du Code civil s'oppose à ce qu'il aggrave la servitude du fonds inférieur au moyen de travaux exécutés par la main de l'homme.

Voilà donc une première difficulté que le législateur est appelé à résoudre !... N'en trouvera-t-il pas la solution en déclarant que les travaux de dessèchement sont des travaux d'utilité publique, et en réglant le mode d'expertise qui fixera les dommages ou la plus-value que le dessèchement du fonds supérieur causera ou procurera au fonds inférieur ?

L'étendue des terrains qu'il est utile d'assainir dans la Haute-Vienne est si grande, et la dépense des travaux d'*assainissement* si considérable, que cette immense entreprise, abandonnée aux spéculations de l'intérêt privé, ne pourrait être que l'ouvrage des siècles et d'un grand nombre de générations.

L'exploitation des domaines par des colons partiaires augmente sigulièrement les charges que le propriétaire est obligé de s'imposer quand il veut améliorer ses domaines. Dans les pays à grande culture le propriétaire qui consacre de grands capitaux à l'amélioration de sa terre jouit de l'augmentation totale du revenu que ces améliorations lui procurent. Ici le propriétaire est obligé de la partager avec son colon, et sa part, réduite à moitié, ne suffit pas toujours pour l'indemniser de ses avances.

Sous l'influence de ces causes diverses, les travaux de dessèchement, malgré leur immense utilité pour le pays, ne s'exécuteraient qu'avec une extrême lenteur si l'Assemblée nationale, à l'exemple du parlement anglais, ne mettait le Gouvernement en mesure de les encourager.

Après ces études préliminaires, nous pouvons aborder avec confiance les questions sur lesquelles M. le ministre de l'agriculture a demandé nos avis.

### 1<sup>re</sup> QUESTION.

*Quelle est, dans la Haute-Vienne, l'importance en surface des terrains qu'il serait utile d'assainir par des rigoles d'écoulement, d'empierrements souterrains ou de tuyaux à drainer?*

Obligé, de nour livrer, sur ce point, à des évaluations approximatives, nous choisirons pour base de nos calculs des éléments qui seront du moins à l'abri de tout reproche d'exagération.

Sur 554,266 hectares qu'on compte dans ce département, la culture des céréales, du sarrasin, des légumineuses, des raves, des turneps, des pommes de terre et des prairies artificielles occupe, d'après les relevés du cadastre et de la statistique générale de la France, une superficie de.................................... 147,340 hect.

Celle des jachères est de................... 33,621

Par conséquent l'étendue des terres labourables est de........................... 180,961

Le tiers de cette superficie, occupant les *plateaux et la partie la plus élevée des collines où il n'y a point de mouillères*, doit être distrait de l'étendue des terres qu'il est utile d'assainir.

Ce tiers est de........................ 60,320

L'étendue présumée des terres ayant des sources, des sols imperméables et des *moullières* est de. ........................ 120,641

Cherchant, d'après les observations locales, quel est le rapport entre la portion de ces terrains qu'il est utile d'assainir

et leur étendue totale, on trouvera et l'on admettra sans
peine qu'il est du cinquième, et, pour 120,641 hectares,
de............................................ 25,128 hect.
    Sur cette quantité les travaux des parti-
culiers ont assaini déjà le tiers ou........ 8,376

Il reste donc à dessécher.............. 16,752
ou *un peu moins du dixième de l'étendue des terres labourables.*

    *Ce n'est pas tout.*

Les prairies naturelles de la Haute-Vienne ont une superficie
de.................................... 119,157 hect.
    Les pâtis, landes et champs-froids en ont
une de.................................... 124,238

Voilà donc encore une étendue de....... 243,395
sur laquelle les travaux de dessèchement seront appliqués
avec succès.

Pour déterminer la superficie réelle des terrains qu'il est
nécessaire d'assainir, rappelons-nous que les prairies et les
pâturages occupent le bas des coteaux et le fond des vallons;
que, à raison de cette position, ces terrains sont plus humides
que les terres labourables, et nous en conclurons par analogie
que, *puisque la portion de ces terres qu'il est utile d'assainir
est de moins du dixième de leur étendue totale*, on peut
*admettre sans hésitation, sans crainte d'être au-dessus de
la réalité, que la superficie des prés et des pâturages qu'il
est nécessaire de dessécher est au moins du dixième de l'étendue totale du terrain qu'ils occupent.*

Adoptant cette base d'évaluation, les travaux de dessèchement dans les prés et les pâturages seraient
exécutés sur............ ................ 24,339 hect.
    Ceux que nous avons attribués aux terres
occupent une superficie de.............. 16,752
    La totalité des terrains à dessécher dans

la Haute-Vienne est donc de.............. 41,091 hect.

## 2ᵉ QUESTION.

*Quels sont les travaux qui devront être exécutés pour assainir ou irriguer les terrains ? Quelle est la dépense nécessaire pour réaliser chacune de ces améliorations?*

Avant de calculer quelle est la somme nécessaire à l'exécution des travaux de dessèchement, il importe en effet de fixer les idées sur la nature de ces travaux en Limousin, de faire connaître en quoi ils consistent et en quoi ils diffèrent de ceux du drainage qu'on pratique en Angleterre, en Belgique, et qu'on a récemment introduit en France.

Les travaux de dessèchement en usage dans nos contrées consistent à ouvrir des tranchées, de 0 m. 80 cent. à 2 m. de profondeur, au fond desquelles on construit des aquéducs en pierre sans mortier. Ces aquéducs sont de deux espèces : l'une se compose de deux petits murs parallèles éloignés de 0 m. 20 cent., et élevés de 0 m. 25 cent. environ : ces murs sont recouverts avec des pierres plates dont on bouche les joints avec un lit de pierraille provenant des débris de carrières ou ramassée dans les champs. L'autre se compose de pierres plates posées de champ au fond et parrallèlement à l'axe des tranchées, et qu'on recouvre également d'une couche de pierraille de 15 à 20 cent. Les aquéducs de cette espèce, étant moins sujets que l'autre à s'ensabler et à s'envaser, sont désignés, par ce motif, sous le nom d'aquéducs de *mille ans*.

L'établissement de ces empierrements souterrains n'a pas pour unique objet, dans ce département, d'assainir les terrains qu'ils traversent. On a l'attention, en les construisant, de les diriger de telle sorte que les eaux qui doivent s'en écouler puissent servir à l'irrigation. Par ce motif, on est obligé de donner aux aquéducs plus de longueur et de profondeur que n'en exige le dessèchement du sol labourable. La quantité d'eau qu'on trouve ou qu'on espère trouver pendant l'exécution des travaux est la seule indication que l'on suivre pour en fixer l'étendue et la direction.

D'après la description que nous avons donnée des roches cristallines et de la terre végétale qui les recouvre, on conçoit que ce n'est pas seulement dans la terre meuble, mais aussi dans le roc vif, qu'on est obligé de creuser les tranchées dans lesquelles on se propose de construire les aquéducs. Il en résulte des dépenses très-variables et toujours plus considérables que celles qu'exigent les travaux de dessèchements superficiels. Mais, comme elles procurent simultanément deux genres d'améliorations, l'*assainissement* des terrains supérieurs et l'arrosement des prés situés en dessous, elles sont largement couvertes par les avantages qu'on en retire.

Le prix de revient du mètre courant d'aquéduc dépend de sa profondeur, de la nature du terrain et de la proximité des matériaux nécessaires à sa construction.

En moyenne, il peut être évalué ; savoir :          fr.   c.

Creusement à 1 m. 30 de profondeur et remblai. . . . . . . . . . . . . . . . . . . . . . . . . . . . . . . . . . . . .   »   30

1/3 de mètre cube de pierre et de pierrailles rendues sur place, à 1 fr. 20 le mètre. . . . . . . . .   »   40

Façon de la maçonnerie. . . . . . . . . . . . . . . . . . . . . . .   »   125

TOTAL. . . . . . . . . . . . . . . »   825

Le drainage est établi sur d'autres principes ; il consiste en tuyaux en terre cuite ou en tuiles courbes, reposant sur des carreaux plats à rebord qu'on ajuste au fond des tranchées ; il convient particulièrement aux pays de plaine, aux sols profonds et peu perméables dans lesquels on se propose de faciliter l'absorption et l'écoulement des eaux pluviales. Il diffère en cela de nos aquéducs souterrains, dont la fonction ordinaire est de donner un écoulement à l'eau des sources qui jaillissent du sous-sol, et impreignent la terre végétale d'un excès d'humidité. Le drainage a donc pour objet de favoriser l'écoulement des eaux superficielles, et nos pérées souterraines, l'écoulement des eaux de source. Dans beaucoup de circonstances le drainage peut remplir ce double but, et, toutes les fois qu'il sera jugé praticable, il sera préféré, parce qu'il est plus économique.

Bien que le drainage se soit plus particulièrement propagé sur les plateaux des divers étages des terrains secondaires et tertiaires, il convient également au dessèchement des plateaux de nos collines primitives, et surtout à celui des terrains tourbeux qui occupent le fond des vallons. Nous l'emploierons, en un mot, avec succès dans les lieux où la terre végétale et le sous-sol seront assez meubles et auront assez d'épaisseur pour qu'on y puisse creuser les rigoles sans pénétrer dans le roc vif du terrain primitif.

L'économie du drainage résulte du peu de largeur des tranchées qu'il exige, et de ce que le mètre courant de tuyaux coûte moins cher que l'extraction et la conduite de la pierre qu'il remplace.

En admettant que le mille de tuyaux soit livré aux consommateur à raison de 20 fr. dans les tuileries, le prix moyen du mètre courant de drainage peut être évalué; savoir :

| Avec un seul rang de tuyaux : | fr. c. | fr. c. |
|---|---|---|
| Creusement et remblai des tranchées. . | » 15 | |
| Un mètre de tuyaux.................. | » 05 | » 25 |
| Façon. .......................... ... | » 0 ⅝ | |
| Avec deux rangs de tuiles, l'une courbe et l'autre plate : | | |
| Creusement et remblai de la tranchée.. | » 15 | |
| 2 mètres courants de tuiles superposées | » 10 | » 35 |
| Façon. .......................... | » 10 | |

Voyons maintenant ce que, à ces prix divers, reviendra le dessèchement de l'hectare de terrain.

On estime que, pour assainir un terrain, les rangées des rigoles souterraines de 1 mètre à 1 mètre 30 centimètres de profondeur doivent être éloignées de 30 à 35 mètres les unes des autres. Un hectare carré de superficie ayant 100 mètres de côté exige donc 300 mètres courants de rigoles parallèles et 75 mètres de rigole de conduite servant de déversoir général aux drains particuliers.

Nos aqueducs d'écoulement, étant indépendants les uns des autres, n'exigent que 300 mètres courants par hectare.

D'après ces bases, le dessèchement de l'hectare de terrain reviendra ; savoir :

|  | fr. c. |
|---|---|
| 300 mètres courants d'aquéducs ou rigoles d'empierrement à 82 cent. 1/2 le mètre courant | 247 50 |
| 350 mètres en drains d'un simple rang de tuyaux à 25 cent. le mètre.................. | 87 50 |
| 350 mètres en drains à double rang de tuiles à 35 centimes............................ | 122 50 |

Suivant quelques articles de journaux, le drainage coûte, en Angleterre, 150 fr. par hectare; en Belgique, 100 fr. ; et M. Garraud l'entreprend, dans le nord de la France, où la main-d'œuvre est très-chère, au prix de 210 à 250 fr., selon la nature des terrains.

Supposons maintenant qu'un tiers des terrains qu'il est utile d'assainir dans la Haute-Vienne soit drainé ou desséché par chacun des procédés ci-dessus, comme l'étendue totale de ces terrains est de 41,091 hectares, dont le tiers est de 13,697, l'exécution complète de cette grande entreprise coûtera ; savoir :

|  | fr. c. | | fr. |
|---|---|---|---|
| Pour 13,697 hectares à | 247 50 | ............ | 3,390,007 |
| 13,697 hectares à | 87 50 | ............ | 1,198,487 |
| 13,697 hectares à | 122 50 | ............ | 1,677,882 |
| | | TOTAL............ | 6,266,376 |

En moyenne, 152 fr. 50 centimes l'hectare.

### 3ᵉ QUESTION.

*En combien d'années ces travaux pourraient-ils être exécutés ?*

En estimant le prix moyen de la journée à la campagne à 90 centimes, la dépense de 6,266,376 francs représente 6,962,640 journées de travail.

Pour apprécier en combien de temps ce nombre de journées pourra être donné, il faut, après avoir fixé le chiffre de la population valide des campagnes, examiner le nombre de journées qu'elle peut employer annuellement à assainir ses champs, sans nuire aux travaux presque incessants de ses cultures.

La population rurale de la Haute-Vienne est de      228,631

En 1846 on comptait, sur 100 individus, 50,25 hommes et 49,75 femmes. En admettant que le nombre des hommes est égal à celui des femmes, la population masculine est de...............      114,315

Déduisant de cette quantité les enfants, les adultes âgés de moins de dix-huit ans, les vieillards, les malades, dont le nombre est de la moitié environ de la population totale, on trouvera que la population valide des campagnes est de........./...........................      57,157

Pour quiconque a une idée de la variété et de l'importance des travaux habituels des cultivateurs du Limousin, c'est beaucoup peut-être, en tenant compte de l'intempérie des saisons, que d'admettre qu'ils pourront donner annuellement douze journées chacun aux travaux de drainage : si l'on considère cependant qu'un dixième environ de la population n'est occupé de ses travaux particuliers que pendant les deux tiers de l'année, on reconnaîtra que l'emploi de douze journées par individu et par an peut être donné au drainage sans trop de difficultés.

Or 57,157 individus donnant douze journées chacun produiront 685,784 journées dans l'année. Divisant le nombre de 6,962,640 journées, jugées nécessaires à l'exécution complète du drainage dans la Haute-Vienne, par celui de 685,784 qu'il est possible d'y employer annuellement, on trouvera qu'il suffit d'un peu plus de dix ans pour achever cette grande entreprise.

Ce délai paraîtra d'autant moins long que l'étendue de terrain qu'il s'agit d'assainir est double de celle que nos pères ont mis plusieurs siècles à dessécher.

En adoptant le terme de dix ans nous n'avons dû calculer que ce qu'il était rigoureusement possible de faire dans cet espace de temps, sans recourir à l'emploi des ouvriers étrangers au département.

## 4ᵉ QUESTION.

*Dans quelle proportion le concours de l'Etat serait-il néces-
saire, et de quelle importance serait la part mise à la charge
du département, des communes et des particuliers intéressés?*

La plupart des communes de la Haute-Vienne sont grevées
de dettes ou de charges locales ; un grand nombre n'ont ni
presbytère , ni maison commune, ni maison d'école. Quelque
grand que soit l'intérêt qu'elles ont à assainir leur territoire
sous le rapport de la salubrité publique, il leur est impossible
de concourir pour une part quelconque dans la dépense des
travaux de drainage.

Les ressources du département sont également au-dessous
de ses besoins : il a contracté un emprunt pour faciliter
l'achèvement de ses routes et de ses chemins de grande
communication. Il s'est imposé, pour le même objet, une
contribution extraordinaire de 10 centimes 1/2 : de long-temps
on ne doit rien attendre de son concours.

L'exécution des travaux restant forcément à la charge de
l'Etat et des particuliers, quelle sera la part de chacun ?

L'exécution des travaux en dix ans exige une dépense
annuelle de 626,937 francs. Cette somme est si considérable
que, si le retour de l'ordre, de la sécurité publique et de la
confiance dans l'avenir de nos destinées ne devait pas
relever le prix des denrées et des bestiaux , on désespèrerait
d'obtenir des particuliers la portion de sacrifice qui serait
mise à leur charge. C'est donc dans l'espoir que la position
des propriétaires s'améliorera d'année en année que nous
allons essayer de fixer la part contributive que l'Etat et les
particuliers devront prendre à leur charge.

Remarquons, à ce sujet, que des encouragements trop
faibles n'auraient point de succès ; que , pour donner une vive
impulsion aux travaux de dessèchement, ces encouragements
doivent être en rapport avec les avantages que le pays doit
recueillir de ces améliorations, et avoir une importance réelle
pour les propriétaires. Remarquons ensuite que nous ne pou-

vous demander à l'État que ce qu'il lui sera permis de prélever sur le trésor après avoir satisfait aux exigences de tous les services publics.

Avant d'exprimer notre avis sur ce point important, commençons par fixer nos idées sur la nature des encouragements que nous devons demander. Consisteront-ils, comme en Angleterre, en avances de fonds aux propriétaires jusqu'à concurrence des deux tiers du montant des travaux qu'ils auront fait exécuter? ou bien consisteront-ils en primes gratuites et proportionnelles à l'importance des dépenses régulièrement constatées?

Le système de prêts aux particuliers, disons-le tout de suite, n'aura de succès qu'autant qu'ils seront gratuits, et que le remboursement ne sera exigible qu'après un délai suffisant pour que, au moyen de la plus-value donnée à leurs propriétés, les particuliers aient eu le temps de rentrer dans tous leurs déboursés. Ce délai pourrait être fixé à cinq ans.

Dans l'hypothèse où le Gouvernement et la législature agréeraient cette proposition, voyons les conséquences qui en résulteront pour le trésor;

Le montant des travaux annuels de la Haute-Vienne est évalué à la somme de 626,637 fr. Le trésor, avançant les deux tiers de cette somme, aurait à débourser, chaque année, celle de 417,758 fr., et, en cinq années, la somme de 2,088,790 fr. A la sixième année et aux suivantes, comme il rentrerait successivement dans les avances qu'il aurait faites, ces remboursements couvriraient les nouveaux prêts qu'il se serait engagé à faire.

Si l'on admet que la somme de 2,088,790 fr., qui serait prêtée à la Haute-Vienne, soit la moyenne de celle qui serait avancée à chaque département, au bout de cinq ans le trésor aurait un découvert de 179,635,940 fr., dont l'intérêt, pour une moyenne de dix ans, s'élevant à environ 50 millions, serait entièrement perdu.

Si le système des primes doit prévaloir, nous croyons rester dans de sages limites en mettant les trois quarts de la dépense à la charge des particuliers et un quart à la charge de l'État.

Les travaux de drainage de ce département étant évalués à
6,266,376 fr., la part contributive des particuliers serait de
4,699,782 fr., et celle de l'État de 1,566,594 fr. Accordant en
moyenne un semblable encouragement aux 86 départements,
il imposerait au pays un sacrifice de 134,727,084 fr.

Entre ces deux modes d'encouragement celui des prêts gratuits me semble préférable. S'il exige du trésor un découvert
plus considérable, il ne lui impose qu'un sacrifice d'intérêts,
tandis que les primes d'encouragement lui enlèveraient un capi-
tal considérable. Ces prêts doivent également mieux convenir
aux particuliers, puisqu'ils ne leur imposent que le tiers de la
dépense des travaux projetés, tandis que le don gratuit des
primes ne peut en laisser moins des trois quarts à leur charge.
Dans l'intérêt du trésor, comme dans celui des particuliers,
les avances de fonds gratuites méritent donc la préférence.

Quelque considérable que soit le sacrifice que nous demandons au pays, il me semble facile à justifier : ici nous
n'avons pas de propriétaires d'immenses domaines, comme
on en trouve en Angleterre. Plus de la moitié du sol de la
Haute-Vienne appartient à de petits propriétaires qui
cultivent leurs champs sans aucun intermédiaire. La modicité de leur revenu leur permet à grand'peine d'économiser
quelques ressources pour constituer de bien faibles dots à
leurs filles. Entre leurs mains l'agriculture n'est pas aussi
stationnaire qu'on l'imagine; mais, comme les améliorations
de leurs cultures sont le résultat de leur propre travail, elles
ne s'accomplissent qu'avec le temps : si vous voulez exiger
davantage, venez-leur en aide par des encouragements qui
soient en rapport avec les sacrifices que vous en attendez.

Les propriétaires de l'autre partie du domaine agricole de
la Haute-Vienne ont plus d'aisance et de ressources. Mais,
par suite de leur position dans le monde, leurs besoins sont
plus grands, les charges de leurs familles plus considérables.
Quelles que soient les améliorations qu'ils fassent dans leurs
domaines, comme ils les font exploiter par des colons à moitié fruit, ils ne jouissent que de la moitié de la plus-value
qu'ils donnent au revenu de leurs terres, et l'autre moitié

profite aux colons. Ceci explique pourquoi les progrès de l'agriculture sont forcément plus lents dans les pays à petite culture que dans ceux à grande culture où le propriétaire et le fermier profitent seuls de l'accroissement du revenu de leurs terres.

Dans de telles conditions, les sacrifices que nous demandons à l'Etat pour assainir le sol et améliorer les cultures n'ont rien d'exagéré.... Seront-ils compensés par les avantages qu'ils procureront au pays? C'est ce que nous allons examiner en répondant à la dernière question de M. le ministre de l'agriculture.

## 5ᵉ ET DERNIÈRE QUESTION.

*Quel est le chiffre des avantages que réaliseraient ces améliorations foncières?*

En décrivant les funestes inconvénients que l'excès d'humidité du sol et du climat de ce département a pour son agriculture et pour la salubrité de ses campagnes, nous avons fait pressentir les avantages que nous aurions à assainir le sol et à en modifier le climat par des entreprises générales et complètes de dessèchement. Afin que chacun puisse en faire une exacte appréciation, nous allons essayer, conformément aux désirs de M. le ministre de l'agriculture, d'en exprimer en chiffres la valeur réelle.

La superficie des terrains que nous avons à assainir est de 41,091 hectares, dont 16,752 de terres labourables et 24,339 de prés et de pâturages.

Les 16,752 hectares de terres sont de la quatrième et de la cinquième classe, qui rapportent tout au plus 5 pour 1 de semence, ou quatre semences prélevées.

Un tiers de cette superficie, ou 5,584 hectares, est propre à la culture du froment. Chaque hectare reçoit un hectolitre et demi de semences, dont le produit, étant de 5, donne un rendement de 7 1/2 hectolitres. A ce compte les 5,584 hectares produisent 41,880 hectolitres de blé.

Après avoir été desséché, le même terrain, avec les mêmes labours, les mêmes façons, la même fumure et moins de semences, aura acquis une force productive qui pourra s'élever à 15 hectolitres par hectare. N'admettons cependant qu'un produit de 10, le rendement sera doublé, et l'on aura un bénéfice de 41,880 hectolitres de blé.

Les autres deux tiers du même terrain ayant une étendue de 11,168 hectares donnent également un rendement qui, à raison de sept hectolitres 1/2 par hectare, s'élève à 83,760 hectolitres. Le drainage, en doublant ce produit, procurera un accroissement de récolte de 83,760 hectolitres seigle.

En estimant le froment à 16 fr. l'hectolitre,

|  | fr. | c. |
|---|---|---|
| le seigle à 9 fr. l'hectolitre, | | |
| 41,880 hectol. froment à 16 fr. montent à.. | 670,080 | » |
| 83,760 hectol. seigle à 9 fr. montent à..... | 753,840 | » |

Le bénéfice présumé de la sole des céréales est de............................... 1,423,920 »

En évaluant le résultat du drainage sur les récoltes d'automne de la deuxième année à la moitié de la plus-value de la récolte des céréales, l'augmentation de cette récolte sera de 711,960 »

Le bénéfice des deux années est de........ 2,135,880 »
dont la moyenne annuelle est de............ 1,067,940 »

Le produit moyen des prairies naturelles est évalué à 20 quintaux métriques par hectare, celui des prés de 4e et de 5e classe, à 15 quint. qui n'en valent pas dix de bonne qualité. En estimant à 12 quintaux métriques par hectare la plus-value qui résultera du drainage, une étendue de 12,169 hectares produira un accroissement de récolte de. .... 146,028 quint.

A surface et à qualité de terrain égales, la production des pâturages est estimée à la moitié

*A reporter. .* 146,028

|  |  | fr. c. |
|---|---|---|
| *Report*..... 146,028 q. m. | 1,067,940 | » |

du produit des prés. L'amélioration des pâturages, leur pro-
fitant dans la même proportion,
produira un équivalent de
fourrage égal à..............    73,014

L'augmentation du produit
des prés et des pâturages sera

de........................... 219,042 q. m.

Ce fourrage, estimé à la campagne au prix
moyen de 3 fr. 50 c. le quintal métrique,
représente une valeur de. ................    766,647   »

L'augmentation de revenu que procurera le
drainage de 41,091 hectares est de........... 1,834,587   »

La dépense primitive de ces améliorations foncières étant
de 6,266,376 fr., et l'augmentation du revenu de 1,834,587 fr.,
la dépense du drainage produit un intérêt annuel de 30
et 87/100 pour cent.

Quatre années de jouissances suffiront pour faire rentrer les
propriétaires dans la dépense des travaux de dessèchement.
Nous avons demandé que le Gouvernement en accordât cinq
pour le remboursement des sommes qu'il aurait avancées aux
propriétaires, afin de les garantir contre les chances des
mauvaises récoltes causées par l'intempérie des saisons.

Si nous calculons enfin quelle sera la plus-value que le
drainage procurera à la valeur vénale de la propriété foncière,
nous trouvons, en l'estimant à vingt fois le revenu, qu'elle sera
de 1,834,587 × 20 = 36,691,740 fr.

La répartition de cet accroissement de richesse parmi la
population rurale nous a paru aussi intéressante que curieuse
à connaître.

La population rurale de la Haute-Vienne est de 228,631 individus, qui se partagent en 40,695 ménages. Les 4/5 de cette
population sont de petits propriétaires qui cultivent eux-
mêmes leurs propriétés, dont l'étendue est d'environ les
3/5 de la superficie du territoire agricole. Uu cinquième de
la population se compose de colons partiaires qui exploitent

les 2/5 du territoire, dont la plus grande partie appartient à des propriétaires urbains.

Chacune de ces catégories de la population émolumente dans l'augmentation du revenu des propriétés ; savoir : 32,556 ménages de petits propriétaires, représentant une population de 182,905 individus, auront une part égale au 3/5 de 1,834,587 = 1,100,751 fr., laquelle somme, divisée par le nombre des ménages, attribue à chacun un dividende de 33 fr. 80 c.

8,139 ménages de colons, comptant une population de 45,726 individus, ont une part égale à la moitié des deux cinquième du revenu $= \dfrac{733,834}{2} = 366,917$ fr. Cette somme, partagée entre 8,139 ménages, procure à chacun un dividende de 45 fr.

Les propriétaires qui font exploiter leurs terres par des colons jouiront d'une égale augmentation de revenu par chaque domaine ; de telle sorte que, sur 1,834,587 fr. dont le revenu territorial de la Haute-Vienne serait augmenté, la part des propriétaires qui font exploiter leurs domaines par des colons ne serait que du cinquième de cette somme, tandis que les quatre cinquièmes profiteraient entièrement aux véritables cultivateurs, colons ou propriétaires, dont il est tant à désirer que la condition sociale soit améliorée.

Ces résultats auront la plus heureuse influence sur les progrès de l'agriculture. En améliorant le bien-être des cultivateurs, on en développera la force et l'activité. En détruisant la cause permanente des fièvres qui désolent nos campagnes, on rendra aux travaux de l'agriculture les 6,000 individus qu'elles atteignent chaque année, et à qui elles imposent une incapacité de travail d'environ 20 journées. En augmentant le produit des prés de 219,042 quintaux métriques de fourrages, on créera l'alimentation de 5,000 têtes de gros bétail de plus. Par là on augmentera la masse des engrais, la fertilité des terres ; tous les produits s'accroîtront avec la population du pays, et, tout en raffermissant la propriété, on résoudra, dans les limites du possible, le grand problème de la vie à bon marché ; et, enfin, comme tous les intérêts matériels sont solidaires, comme toutes les branches de la fortune publique languissent ou fleurissent fatalement ensemble, en rendant l'agriculture plus féconde on ouvrira une ère nouvelle de prospérité à toutes les spéculations de l'industrie et du commerce.

La pensée d'assainir le sol de notre beau pays par les moyens si économiques du drainage est une pensée éminemment utile dont nous devons rendre grâces à M. le ministre de l'agriculture et au Prince Président de la République. Qu'ils reçoivent, avec le témoignage de notre reconnaissance, l'expression de nos vœux pour qu'ils poursuivent avec persévérance l'exécution d'un projet dont la réalisation est éminemment propre à augmenter les richesses, la grandeur et la puissance de la France !

F. ALLUAUD aîné.